LE GRAND LIVR...

QUI?

EH Héritage jeunesse

Illustrations de Del Frost
Conception de Jo Connor

Pour le Canada
© Les éditions Héritage inc. 2013
Traduction de Claudine Azoulay

ISBN: 978-2-7625-9377-8

Imprimé en Chine

CE LIVRE, IL RACONTE QUOI ?

T'ES-TU DÉJÀ POSÉ LA QUESTION QUI ?

Il est tout à fait normal d'être confus face au monde qui nous entoure... C'est un endroit très compliqué et parfois surprenant! Et tu ne pourras jamais comprendre ce qui se passe autour de toi si tu ne te poses pas de temps en temps la question «QUI?».

C'est exactement de «quoi» il est question dans ce livre.

Nous sommes allés sur terre, sous la mer, en haut des montagnes, dans les déserts – et même dans l'espace – pour recueillir autant de questions délicates que possible...

Et nous avons aussi déniché des réponses pour toi!

Nous t'invitons donc à nous accompagner dans notre voyage autour du monde des «QUI» afin de te montrer toutes les réponses que nous avons trouvées.

4

Le savais-tu?

Un manchot empereur peut retenir son souffle pendant 20 minutes quand il plonge pour attraper du poisson.

Au cours de nos recherches, nous avons découvert plein d'autres renseignements pas mal intéressants eux aussi. Nous les avons notés dans ces encadrés pour que tu puisses apprendre ces choses incroyables et impressionner tes amis.

Enfin, nous avons pensé qu'il serait amusant de voir combien de nouvelles informations tu étais capable de retenir. Aux pages 56 et 57, tu trouveras donc les questions du quiz éclair, qui te permettront de vérifier tes connaissances. Ne t'en fais pas, ce n'est pas aussi difficile que ça en a l'air... tu vas t'amuser, c'est promis. (Et d'ailleurs, nous t'avons donné toutes les réponses aux pages 58 et 59.)

Qu'est-ce que tu dirais de participer à cette grande aventure? En route!

QUIZ ÉCLAIR QUESTIONS

QUI ÉTAIENT LES PREMIERS EXPLORATEURS ?

Certains des premiers voyages sur l'océan ont été effectués par les peuples polynésiens de Nouvelle-Guinée. Il y a 3500 ans environ, ils ont commencé à quitter leur terre natale pour explorer le vaste océan Pacifique, dans des bateaux pas plus gros que des canots.

Le savais-tu ?

En plus d'être de grands explorateurs, les Polynésiens étaient aussi des artistes. Leurs dessins et leurs bijoux sont encore populaires aujourd'hui.

QUI NAVIGUAIT DANS DES JONQUES ?

Les jonques sont des voiliers chinois. Un des plus grands explorateurs était Zheng He. Au début du 15e siècle, ses jonques étaient les plus grands bateaux du monde. Elles étaient cinq fois plus grandes que les bateaux européens.

Le savais-tu ?

La flotte de jonques de Zheng He a navigué aussi loin que l'Afrique de l'Est, et les marins en sont revenus avec une girafe !

QUI A VOYAGÉ PENDANT 24 ANS?

Les aventures de l'explorateur arabe Ibn Battuta ont débuté en 1325, quand il est parti de Tanger, sa ville natale au Maroc. Il avait tellement la piqûre du voyage qu'il n'est pas retourné chez lui avant 1349!

Le savais-tu?

Ibn Battuta a écrit le récit de ses voyages, mais sa mémoire n'était pas toujours la meilleure. Il a raconté qu'il avait vu des hippopotames ayant une tête semblable à celle d'un cheval, et que les pyramides d'Égypte étaient en forme de cône.

QUI A COURU LE PREMIER MARATHON ?

En 490 avant notre ère, les Grecs anciens ont gagné une bataille à Marathon, à environ 40 kilomètres d'Athènes. Un soldat grec, du nom de Phidippidès, a couru jusqu'à Athènes pour annoncer la bonne nouvelle aux citoyens. Il était si épuisé par sa course qu'il s'est effondré et est mort.

Le savais-tu ?

De nos jours, les courses de marathon comptent 42 kilomètres. On a changé la distance, qui était de 40 kilomètres aux Jeux olympiques de 1908, à Londres.

QUI ÉTAIENT LES CONQUISTADORS ?

Quand Colomb a découvert les Amériques, la rumeur a couru qu'il y avait beaucoup d'or sur ce continent. Les soldats espagnols ont commencé à arriver, en quête de fortune. Les soldats étaient surnommés les conquistadors, d'après le mot espagnol signifiant « conquérant », parce qu'ils étaient plus intéressés à conquérir des terres (et les richesses qu'elles renfermaient) qu'à les explorer.

Le savais-tu ?

 Les autochtones des Amériques n'utilisaient pas l'or comme monnaie. Ils l'appréciaient plutôt pour sa beauté.

QUI ÉTAIENT LES GRECS ANCIENS ?

Les Grecs anciens étaient des gens originaires de la Grèce, vivant il y a 3 500 ans environ. Ils peuplaient aussi des régions qui s'appellent aujourd'hui la Bulgarie et la Turquie. D'autres vivaient sur de petites îles rocheuses situées dans la mer Égée, entre la Grèce et la Turquie.

Le savais-tu?

Les soldats grecs combattaient côte à côte, en rangs serrés appelés des phalanges. Chacun de leurs boucliers chevauchait celui d'à côté, formant un mur de boucliers solide qui les protégeait tous.

Un explorateur portugais, Fernand de Magellan, a mené la première expédition autour du monde, de 1519 à 1522. Il est parti d'Espagne avec cinq navires et 270 membres d'équipage. Magellan a été tué au cours d'une bataille. Un seul navire est revenu avec 18 hommes à son bord.

Le savais-tu ?

Pendant qu'ils voyageaient autour du monde, Magellan et son équipage ont manqué de nourriture. Pour ne pas mourir de faim, ils ont mangé des rats, du cuir et de la sciure de bois.

QUI A EU SES MEILLEURES IDÉES DANS SON BAIN ?

Archimède était un mathématicien qui vivait en Grèce aux environs de 250 avant notre ère. Il a inventé de nombreuses choses, dont la catapulte. Il est célèbre pour avoir crié « Eurêka ! » après avoir résolu un problème auquel il réfléchissait alors qu'il était dans son bain.

Le savais-tu ?

Diogène était un célèbre penseur grec. Il vivait dans un vieux tonneau de bois pour montrer aux gens qu'il n'était pas du tout intéressé par l'argent et les biens matériels.

QUI A RÉSOLU LE MYSTÈRE DU FLEUVE LE PLUS LONG ?

Jusque dans les années 1860, les Européens n'avaient aucune idée où le Nil, le plus grand fleuve du monde, commençait. Puis l'explorateur britannique Hanning Speke a prouvé que le fleuve s'écoulait d'un vaste lac africain, connu aujourd'hui sous le nom de lac Victoria.

Le savais-tu ?

 Le fleuve Nil mesure approximativement 6 695 kilomètres de long et il traverse pas moins de 10 pays d'Afrique.

QUI TRAVAILLAIT AU RYTHME DE LA MUSIQUE?

Les rameurs des navires de guerre grecs travaillaient au rythme d'un tambour ou d'un pipeau joué par un musicien. Grâce au son rythmé, les rames étaient déplacées en même temps et ne risquaient pas de s'emmêler.

Le savais-tu?

Ton cœur bat environ 90 fois à la minute. Mais quand tu écoutes une musique au rythme rapide, le battement de ton cœur s'accélère.

QUI A DÉCOUVERT QUE LA **TERRE** EST RONDE?

Le savais-tu?

Il existe deux sortes d'éclipses. Une éclipse lunaire se produit quand la Terre se place entre le Soleil et la Lune. Une éclipse solaire a lieu quand la Lune se place entre la Terre et le Soleil, ce qui bloque la lumière du Soleil.

Aux environs de 470 avant notre ère, un scientifique grec, Parménide, observait une éclipse de Lune. Il a remarqué que la Terre formait une ombre sombre sur la Lune. Puis il a conclu que si l'ombre était courbe, la Terre devait être ronde.

QUELLES ONT ÉTÉ LES PREMIÈRES PERSONNES À ALLER DANS L'ESPACE ?

Le savais-tu ?

Les premiers hommes à avoir marché sur la Lune étaient les Américains Neil Armstrong et Edwin «Buzz» Aldrin, en juillet 1969.

Le cosmonaute russe Iouri Gagarine a été la première personne à voyager dans l'espace, en avril 1961.
La première femme dans l'espace était aussi une Russe. Valentina Terechkova a tourné autour de la Terre pendant près de trois jours, en juin 1963.

QUI A COUPÉ L'EAU ?

Le savais-tu ?

En Australie, à cause d'une sécheresse qui a commencé en 2003 et a duré six ans – la pire jamais enregistrée – les rivières se sont asséchées et il y a eu un manque d'eau.

Une sécheresse se produit quand il n'y a pas suffisamment de pluie. Il y a alors très peu d'eau potable et il est difficile de faire pousser des cultures. Depuis les années 1970, le nombre de sécheresses graves a doublé dans le monde.

QUI APPRÉCIE UNE BOUCHÉE D'ÉPINES ?

Comme de nombreux grands lézards, l'iguane terrestre des îles Galápagos est végétarien. Il peut croquer des épines de cactus sans ressentir le moindre picotement !

Le savais-tu ?

La majorité des petits lézards sont des carnivores (mangeurs de viande). Ils ne mangent que des insectes ou d'autres petits animaux.

QUI A PARLÉ LE PREMIER ?

On ne sait pas qui a parlé en premier, ni quand. Les gens ont peut-être commencé à imiter des sons qui les entouraient, comme le sifflement du vent. En communiquant à l'aide de mots, les humains pouvaient s'aider plus facilement.

Le savais-tu ?

Il existe plus de 6 900 langues vivantes. La langue la plus parlée est le chinois mandarin : plus d'un milliard de personnes le parlent !

QUI A DIFFUSÉ LA PREMIÈRE ÉMISSION DE RADIO?

Le premier appareil radio capable d'envoyer des messages par ondes radio a été créé par l'inventeur italien Guglielmo Marconi. Mais ce n'est pas lui qui a démontré l'existence des ondes radio; c'est le scientifique allemand Heinrich Hertz.

Le savais-tu?

 Les ondes radio peuvent être aussi longues qu'un terrain de football, soit presque 100 mètres de long!

QUI ÉCRIVAIT AVEC UN CODE SECRET?

Au Moyen-Âge, les Scandinaves et les Anglo-Saxons écrivaient parfois en utilisant des runes, qui s'écrivaient avec des lignes droites. Le mot « rune » veut dire « secret ». Il y a 1000 ans, peu de gens savaient lire ou écrire. Certains croyaient que si quelqu'un était capable de comprendre les runes, c'est qu'il devait avoir des pouvoirs magiques !

Le savais-tu?

Les Égyptiens anciens utilisaient des tiges de papyrus pour fabriquer du papier. Le mot « papier » vient de « papyrus ».

QUI ÉCRIT AVEC UN PINCEAU ?

Le savais-tu ?

 Il existe à peu près 50 000 symboles chinois. Toutefois, les écoliers ne doivent en apprendre que 5 000 environ.

En Chine et au Japon, les gens peignent parfois des mots sous forme de symboles, d'un geste lent et magnifique, avec un pinceau et de l'encre. L'art de la belle écriture s'appelle la calligraphie. Les enfants japonais apprennent la calligraphie à l'école.

QUI PEUT DIRE L'HEURE SANS HORLOGE ?

Dans notre corps, il y a ce qu'on appelle notre horloge biologique. Elle nous réveille chaque matin et nous dit quand déjeuner. Et durant toute la journée, on a l'impression de savoir quand travailler, manger et jouer. Quand le soir arrive, on est fatigué et on est prêt à dormir.

Le savais-tu ?

Certains animaux dorment toute la journée et ne sortent que la nuit. Ils ont un comportement nocturne. Le blaireau est un animal nocturne.

QUI A MIS DES HEURES POUR FAIRE UNE PHOTO ?

Cliccccccc !

Un Français, Nicéphore Niépce, a pris la toute première photographie en 1826. Il a dû attendre huit heures avant que la photo soit reproduite sur une fine plaque de métal, recouverte d'un genre de bitume. La photo montrait la vue qu'il avait de sa fenêtre.

Le savais-tu ?

La première photo montrait des fermes et le ciel. Niépce l'a appelé une héliographie d'après le mot grec « helios », le soleil.

QUI A INVENTÉ NOTRE CALENDRIER ?

Il y a plus de 2000 ans, un dirigeant romain, Jules César, a inventé le calendrier que nous utilisons aujourd'hui. Il a attribué à chaque année 365 jours et a divisé chacune en 12 mois. Depuis ce temps, le calendrier n'a guère changé.

Le savais-tu ?

Le nom de nos mois est dérivé des noms de dieux et de dirigeants romains. Juillet vient ainsi de Jules César.

DIM	LUN	MAR
1	2	3
8	9	10

QUI ÉTAIENT LES ROMAINS ?

Le savais-tu ?

Il aurait fallu près de 100 jours pour parcourir l'Empire romain d'un bout à l'autre. Le voyage comptait 3 000 milles romains, soit environ 5 000 kilomètres.

Les Romains étaient des gens originaires de Rome. Il y a environ 2 000 ans, ils sont devenus si puissants qu'ils ont commencé à conquérir les pays qui les entouraient. En l'an 100 de notre ère, ils dirigeaient un immense empire et étaient le peuple le plus puissant du monde antique.

QUI GOUVERNAIT ROME ?

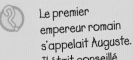

Au fil des ans, Rome a été dirigée de trois manières différentes : d'abord par des rois, puis par un certain nombre de fonctionnaires choisis par le peuple, et enfin par un empereur, un dirigeant très puissant et de haut rang.

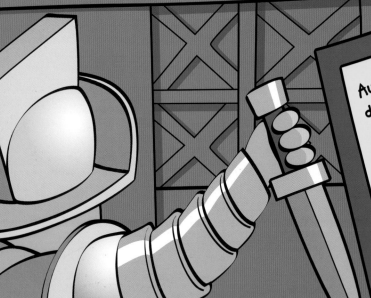

QUI GOUVERNAIT L'ÉGYPTE ?

Le roi d'Égypte s'appelait un pharaon. Les Égyptiens croyaient que le dieu Soleil Râ était le premier roi d'Égypte, et que tous les pharaons venus après lui étaient de sa famille. Cela rendait le pharaon très sacré... et très puissant ! Pour le peuple, il était un dieu sur terre.

Le savais-tu ?

Hatshepsout était un pharaon femme célèbre. Elle devait porter les marques de la royauté, dont une fausse barbe faite de vrais cheveux.

QUI GARDE UN ŒUF AU CHAUD SUR SES PIEDS ?

Chaque année, au milieu de l'hiver, en Antarctique, une femelle manchot empereur pond un œuf. Elle le donne ensuite à son partenaire pour qu'il le garde au chaud. Le mâle pose l'œuf en équilibre sur ses pieds et ses plumes, et le garde jusqu'à ce que l'œuf soit prêt à éclore, au début du printemps.

Le savais-tu ?

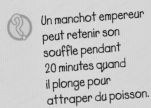 Un manchot empereur peut retenir son souffle pendant 20 minutes quand il plonge pour attraper du poisson.

QUI A LE PLUS BEAU PLUMAGE ?

À la saison des amours, l'oiseau de paradis mâle se couvre de magnifiques plumes. Quand une femelle passe par là, tous les mâles se suspendent la tête en bas pour exhiber leur superbe plumage. C'est un concours de beauté, et la femelle choisit comme partenaire l'oiseau qui a les plus belles plumes.

Le savais-tu ?

Le cacatoès noir mâle attire une femelle en effectuant un battement de tambour. Avec sa patte, il saisit une brindille et la frappe sur un rondin.

QUI HABITE DANS UNE BULLE?

Les bébés de la cicadelle écumeuse (un insecte) produisent une mousse écumeuse peu de temps après leur naissance. Ils se cachent dans ce « crachat de coucou » pendant qu'ils grandissent et se nourrissent.

Le savais-tu?

Les cicadelles écumeuses peuvent sauter à une distance 100 fois plus grande que la longueur de leur corps!

QUI COMMENCE SA VIE PAR UN SAUT ?

Les colverts nichent souvent dans un trou d'arbre, et leurs canetons naissent à une hauteur élevée. Quand leur mère les appelle, ils sautent et dégringolent sur le sol. Ils sont tellement légers qu'ils arrivent en bas sains et saufs.

Le savais-tu ?

Les colverts sont l'espèce de canard la plus nombreuse du monde.

QUI A LA LANGUE PLUS LONGUE QUE SA QUEUE ?

La langue du caméléon, à l'extrémité collante, est non seulement plus longue que sa queue, mais également plus longue que tout son corps ! Le lézard sort sa langue à une vitesse incroyable et rapporte un insecte savoureux.

Le savais-tu ?

Quand ils sont attaqués, beaucoup de lézards sont capables de détacher leur queue. Une nouvelle queue repousse au bout de quelques semaines.

QUI AVAIT UN CHEVAL À HUIT PATTE ?

Le savais-tu ?

Les Walkyries étaient des femmes guerrières. Elles parcouraient le ciel en transportant les héros morts à destination de Walhalla, la demeure paradisiaque d'Odin.

Les Vikings appelaient le chef de leurs dieux Odin. Ils croyaient qu'Odin chevauchait un cheval à huit pattes, baptisé Sleipnir, capable de galoper sur terre, au-dessus de la mer et dans le ciel.

QUEL ANIMAL UTILISE UNE TRAPPE ?

Le terrier de la mygale a une porte munie d'une charnière faite de soie, qui s'ouvre et se ferme. L'araignée se cache à l'intérieur du terrier et attend que des insectes passent par là. Quand elle en entend un, elle ouvre la trappe brusquement et attrape sa victime.

Le savais-tu ?

Toutes les araignées peuvent produire du fil, mais elles ne tissent pas toutes une toile. L'araignée cracheuse attrape les insectes en crachant une gomme collante sur eux.

Le savais-tu?

Il existe 1 000 espèces de guêpes cartonnières dans le monde, la plupart vivant en Australie et en Amérique du Nord.

QUI A UNE MAISON EN PAPIER ?

Le nid de la guêpe cartonnière a des murs en papier. La guêpe fabrique le papier en mastiquant des lanières de bois, qu'elle détache des plantes ou des vieux poteaux de clôture. Elle construit son nid en étalant ce mélange en fines couches.

QUI PORTAIT UNE FLÈCHE D'ÉGLISE SUR SA TÊTE ?

En Europe, au Moyen-Âge, la mode apportait toutes sortes de coiffes bizarres et extraordinaires. Dans les années 1400, les femmes ont commencé à porter un chapeau haut appelé un hennin, qui ressemblait plutôt à une flèche d'église. Certains hennins mesuraient près d'un mètre de haut !

Le savais-tu ?

Au Moyen-Âge, les chapeaux avaient parfois la forme d'une partie d'un animal. Certains avaient la forme des cornes d'un animal, et d'autres celle des ailes d'un papillon.

Le savais-tu?

Les femmes n'ont pas le droit de visiter le mont Athos – la « Sainte Montagne » – en Grèce. Même les femelles des animaux en sont bannies.

QUI ÉTAIENT LES HOMMES DE LA MONTAGNE?

Dans les années 1800, les explorateurs américains, comme Kit Carson, ont été surnommés les hommes de la montagne. Ils parcouraient les régions les plus sauvages des montagnes Rocheuses, où ils trappaient le castor et d'autres animaux pour leur fourrure.

QUI ÉTAIT JEANNE D'ARC ?

Jeanne d'Arc était une paysanne française. Elle a grandi à l'époque où l'Angleterre et la France étaient en guerre. En 1429, à l'âge de 17 ans, elle s'est déguisée en soldat et a aidé la ville d'Orléans à se délivrer d'une armée anglaise. Mais un an plus tard, elle a été capturée et brûlée sur le bûcher.

Le savais-tu ?

Jeanne d'Arc est la personne la plus jeune de l'histoire à avoir commandé l'armée d'une nation.

QUI ÉTAIT UN GUERRIER ADOLESCENT ?

Temudjin était le fils d'un dirigeant du peuple mongol d'Asie centrale. Il est né en 1162 et est devenu un guerrier à l'âge de 13 ans seulement, après la mort de son père. Il a pris le nom de Gengis Khan. Sous ses ordres, les Mongols ont attaqué de nombreux pays d'Asie et s'en sont emparés.

Le savais-tu ?

Au début du 13e siècle, l'Empire mongol couvrait deux pour cent de la Terre et avait une population de 100 millions d'habitants.

QUI MONTE SUR UN CHEVAL SAUVAGE CABRÉ ?

Le savais-tu ?

 Une autre épreuve de rodéo s'appelle la prise du bouvillon au lasso. Un vacher court à toute vitesse après un bouvillon (un jeune bœuf) et tente de l'attraper avec son lasso.

Les vachers participent à des compétitions appelées des rodéos. Les vachers testent leurs habiletés à monter à cheval en restant sur le dos d'un cheval sauvage pendant quelques secondes, avec une selle ou sans selle.

QUI RACONTE DES HISTOIRES EN DANSANT?

Le savais-tu ?

Un spectacle de ballet de trois heures demande la même quantité d'énergie qu'une course de 29 kilomètres.

Le ballet est une façon de raconter une histoire à l'aide de musique et de danse. Le son de la musique et les mouvements des danseurs expriment ce qui se passe aussi clairement que le fait une histoire dans un livre.

QUI VIT DANS LA FORÊT PLUVIALE?

Le savais-tu?

Peu d'enfants appartenant à des tribus vont à l'école. Leurs parents leur enseignent comment survivre dans la forêt pluviale.

De nombreuses tribus différentes vivent dans les forêts pluviales du monde. La majorité d'entre elles construisent des abris et bêchent un coin de terre où elles cultivent des légumes pour leur consommation. Le sol des forêts pluviales est pauvre et les tribus sont incapables de cultiver des aliments plusieurs années de suite. Au bout d'un certain temps, les tribus ramassent leurs affaires et vont s'installer dans un autre coin de la forêt.

QUI ÉTAIENT LES « SAGES » ?

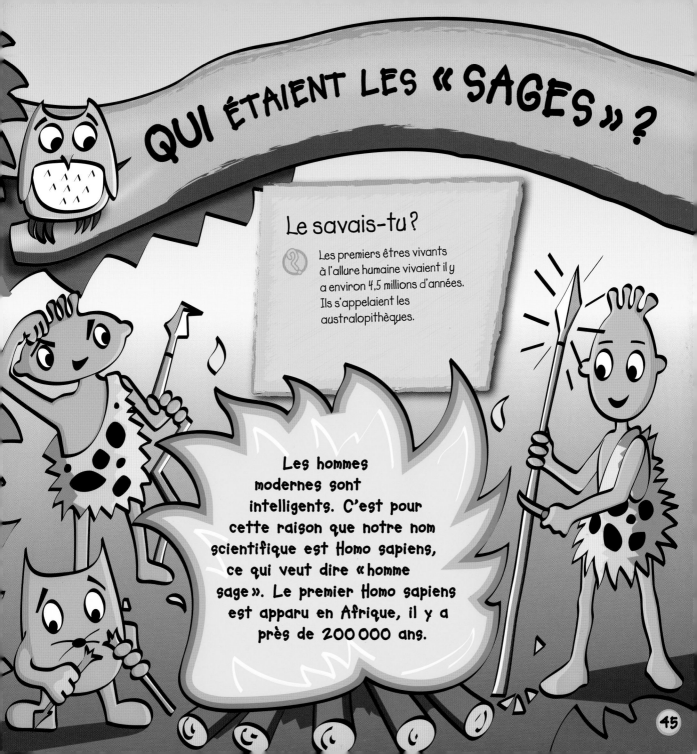

Le savais-tu ?

Les premiers êtres vivants à l'allure humaine vivaient il y a environ 4,5 millions d'années. Ils s'appelaient les australopithèques.

Les hommes modernes sont intelligents. C'est pour cette raison que notre nom scientifique est Homo sapiens, ce qui veut dire « homme sage ». Le premier Homo sapiens est apparu en Afrique, il y a près de 200 000 ans.

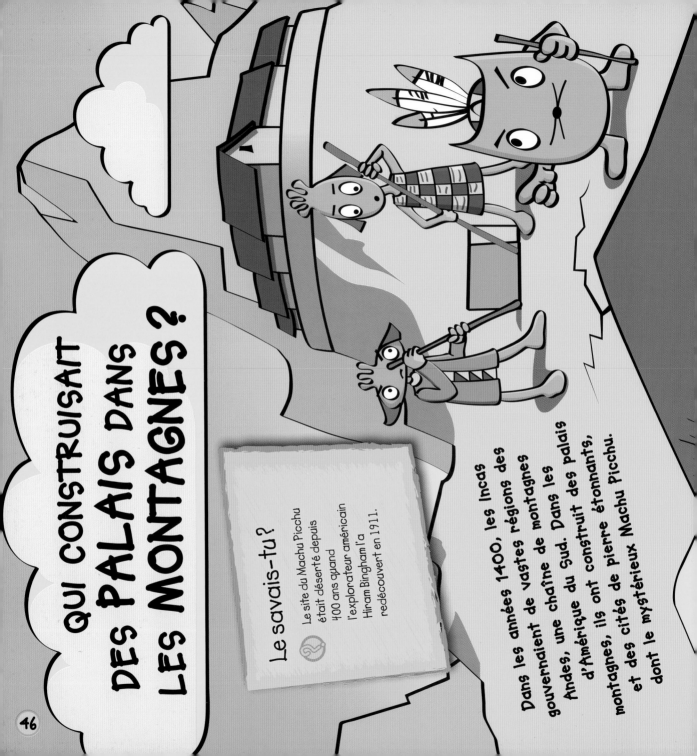

QUI CONSTRUISAIT DES PALAIS DANS LES MONTAGNES ?

Le savais-tu ?

Le site du Machu Picchu était déserté depuis 400 ans quand l'explorateur américain Hiram Bingham l'a redécouvert en 1911.

Dans les années 1400, les Incas gouvernaient de vastes régions des montagnes, une chaîne de montagnes d'Amérique du Sud. Dans les Andes, une chaîne de montagnes d'Amérique du Sud. Dans les montagnes, ils ont construit des palais étonnants, et des cités de pierre étonnants, dont le mystérieux Machu Picchu.

QUI CONSTRUIT LES PLUS GRANDS TUNNELS?

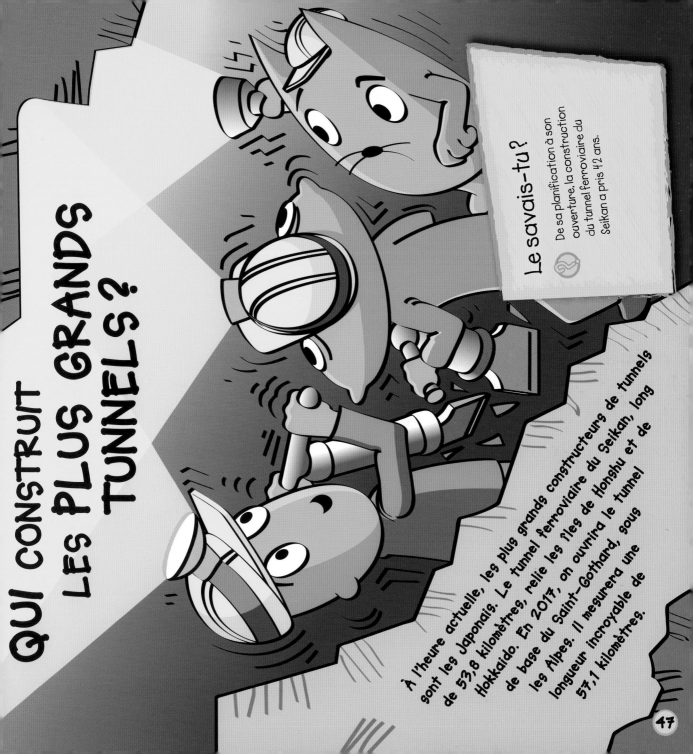

À l'heure actuelle, les plus grands constructeurs de tunnels sont les Japonais. Le tunnel ferroviaire du Seikan, long de 53,8 kilomètres, relie les îles de Honshu et de Hokkaido. En 2017, on ouvrira le tunnel de base du Saint-Gothard, sous les Alpes. Il mesurera une longueur incroyable de 57,1 kilomètres.

Le savais-tu?

De sa planification à son ouverture, la construction du tunnel ferroviaire du Seikan a pris 42 ans.

QUI A ÉTÉ LE PREMIER À TIRER UNE CHASSE D'EAU?

Il y a près de 400 ans, Sir John Harrington a construit une toilette à chasse d'eau pour sa marraine, la reine d'Angleterre Élisabeth Iʳᵉ. En ce temps-là, peu de maisons avaient des canalisations et des tuyaux d'écoulement pour l'eau. Les gens ordinaires devaient donc utiliser un pot de chambre.

QUI A ÉTÉ LE PREMIER À PRENDRE UN BAIN?

Le savais-tu?

Il y a près de 500 ans, les Chinois utilisaient des poils de cochon pour faire les premières brosses à dents!

À l'époque antique, les habitants de la Grèce, de Rome et de la vallée de l'Indus, au Pakistan, prenaient des bains. Mais, au fil du temps, les bains n'étaient plus à la mode et beaucoup de personnes ne se lavaient même jamais. Elles utilisaient des parfums pour masquer les odeurs!

QUI UTILISAIT LE THÉ COMME MONNAIE ?

Le savais-tu ?

Les Chinois ont été les premiers à utiliser du papier-monnaie, il y a environ 1 200 ans. Ils imprimaient certains billets sur de l'écorce de mûrier.

Au Tibet et en Chine, les gens ont déjà utilisé du thé pressé en blocs comme monnaie. Avant l'invention des pièces de monnaie, les gens échangeaient des objets comme des coquillages, des perles ou des grains de céréales contre les marchandises dont ils avaient besoin.

QUI COPIAIT LES GRECS ?

Il y a environ 2 000 ans, les Romains ont envahi la Grèce. Ils ont conquis ses armées et ajouté les territoires grecs à leur propre empire. Mais les Romains respectaient le mode de vie des Grecs. Ils admiraient la poésie, les pièces de théâtre, les édifices et l'art grecs. Les Romains ont copié un grand nombre d'idées grecques et les ont utilisées pour améliorer leur mode de vie.

Le savais-tu ?

À Athènes, il y avait plus de 40 fêtes religieuses par an. On retrouve des peintures de ces fêtes sur les poteries et les jarres à vin grecques.

QUI ÉTAIENT LES PREMIERS FERMIERS ?

Le savais-tu?

Les premières cultures étaient du blé et de l'avoine, et les premiers animaux de ferme étaient des chèvres et des moutons.

1ER

2E

L'agriculture a débuté il y a environ 10 000 ans, quand les habitants du Moyen-Orient ont commencé à conserver les graines des plantes sauvages afin de les semer pour ensuite les récolter. En cultivant leur nourriture, les fermiers pouvaient rester au même endroit toute l'année.

QUI LIT À L'ENVERS ?

Pour lire un livre écrit en arabe ou en hébreu, tu dois aller de droite à gauche. Donc, si ce livre était en arabe, la première page serait celle où il y a présentement l'index.

Le savais-tu ?

On pense que le plus vieux livre imprimé du monde est « Le Soûtra du Diamant », qui date de 868.

QUI CHANTAIT POUR FAIRE COULER LES BATEAUX ?

Dans les contes de fées, les sirènes étaient des créatures magiques - mi-femmes, mi-poissons - qui vivaient dans la mer, près des côtes rocheuses dangereuses. Elles avaient un chant si doux que les marins qui les entendaient oubliaient tout... entre autres comment diriger leur bateau pour l'éloigner des rochers !

Le savais-tu ?

La patronne de la musique est sainte Cécile. En général, elle est illustrée avec un orgue miniature posé sur ses genoux.

QUI CHANTE SOUS L'EAU ?

Les baleines à bosse donnent l'impression de chanter les unes pour les autres dans l'océan. On pense qu'elles chantent pour attirer un ou une partenaire. Aucun autre animal n'a un chant aussi prolongé que celui de la baleine à bosse. On peut l'entendre à une distance de plusieurs centaines de kilomètres.

QUIZ ÉCLAIR
QUESTIONS

1. Quel est l'océan que les Polynésiens ont exploré il y a près de 3500 ans ?

2. Combien de kilomètres fait un marathon moderne ?

3. De quelle langue vient le mot « conquistador » ?

4. Où vivait le penseur grec Diogène ?

5. Où commence le fleuve Nil ?

6. Nomme les deux types d'éclipses possibles.

7. C'est quoi, une sécheresse ?

8. Quelle est la langue la plus parlée dans le monde ?

9. Revois l'ordre des lettres PRALGICEIAHL pour épeler l'art de la belle écriture.

10. Que signifie le mot grec « hélios » ?

11. De quel dirigeant romain est-ce que le mois de juillet tient son nom ?

12. Hatshepsout était un pharaon homme. Vrai ou faux ?

20. Quel nom scientifique désigne les humains modernes ?

21. Sur quelle chaîne de montagnes se trouve le site inca Machu Picchu ?

13. Où vivent les manchots empereurs ?

14. C'est quoi, du « crachat de coucou » ?

22. Avec quoi est-ce que les Chinois ont fait les premières brosses à dents ?

15. Revois l'ordre des lettres ÉMAOLNÉC pour épeler le nom d'un lézard à la langue collante.

23. Quels objets utilisaient les gens du Tibet et de la Chine pour acheter des marchandises ?

24. Quelles langues se lisent de droite à gauche ?

16. Toutes les araignées sont capables de produire de la soie. Vrai ou faux ?

17. Comment s'appelle le haut chapeau que portaient les femmes dans les années 1400 ?

25. Le chant de quelle baleine peut s'entendre à de nombreux kilomètres ?

18. Quel âge avait Temudjin quand il est devenu un guerrier ?

19. À quelle compétition est-ce que les vachers participent ?

QUIZ ÉCLAIR

RÉPONSES

1. L'océan Pacifique.

2. Un marathon moderne fait 42 kilomètres.

3. De l'espagnol.

4. Dans un tonneau.

5. Il commence au lac Victoria, en Afrique.

6. Les éclipses solaires et les éclipses lunaires.

7. Une sécheresse est un manque de pluie grave.

8. Le chinois mandarin, parlé par plus d'un milliard de personnes.

9. PRALGICEIAHL = CALLIGRAPHIE

10. Soleil.

11. De Jules César.

12. Faux. Hatshepsout était une femme.

13. Dans l'Antarctique.

14. Une mousse écumeuse produite par un insecte.

15. ÉMAOLNÉC = CAMÉLÉON

16. Vrai.

17. Un hennin.

18. Il avait 13 ans.

19. Aux rodéos.

20. Homo sapiens.

21. Les Andes, en Amérique du Sud.

22. Des poils de cochon.

23. Du thé, des coquillages, des perles et des grains de céréales.

24. L'arabe et l'hébreu.

25. Celui de la baleine à bosse.

MOTS DIFFICILES

ANGLO-SAXONS
Nom des habitants de l'Angleterre, à partir du 5ᵉ siècle de notre ère jusqu'en 1066.

ANTARCTIQUE
Région glacée, située le plus au sud de la Terre, autour du pôle Sud.

AUTOCHTONES
Premières personnes qui habitaient dans un pays, avant que les colons n'arrivent en provenance d'autres pays.

BITUME
Substance noire et collante, provenant des roches. On utilise le bitume pour recouvrir les routes.

CATAPULTE
Arme utilisée pour lancer dans les airs un objet, comme une roche, à grande vitesse.

CITOYENS
Personnes qui vivent dans un lieu donné, comme un village, une ville ou un pays.

COMMUNIQUER
Partager de l'information avec quelqu'un, par la parole ou par écrit.

CONQUÉRIR
S'emparer de quelque chose et en prendre le contrôle.

COSMONAUTE
Mot russe désignant un astronaute. Un astronaute est une personne qui voyage dans l'espace pour en savoir plus à son sujet.

CULTURES
Plantes telles que le blé, le maïs ou les pommes de terre, que l'on fait pousser sur de grandes étendues de champs pour l'alimentation.

DIFFUSER
Transmettre une émission à l'aide d'ondes radio pour qu'on puisse l'entendre à la radio ou la regarder à la télévision.

EMPIRE
Vaste région, en général composée de plusieurs pays, dirigée par un seul gouvernement. Les Romains avaient un immense empire.

EXPÉDITION
Voyage organisé, comme celui d'une personne qui part explorer une partie d'un pays.

FLOTTE
Groupe de bateaux qui naviguent ensemble.

INCA
Peuple qui vivait il y a entre 700 et 450 ans, en Amérique du Sud. Le centre de leur empire se trouvait au Pérou.

INVENTEUR
Personne qui est la première à avoir une idée ou à créer quelque chose.

JEUX OLYMPIQUES
D'abord organisés dans la Grèce ancienne, les Jeux olympiques sont un événement sportif qui se déroule tous les quatre ans. Des athlètes venus du monde entier y participent dans le but de remporter une médaille d'or, d'argent ou de bronze.

LASSO
Longue corde se terminant par une boucle. On la lance de manière à ce que la boucle encercle la tête d'un animal.

LUNAIRE
Qui a rapport à la lune.

MOYEN-ÂGE
Période allant de 476 à 1500 en Europe. Ces années s'appellent aussi « l'époque médiévale ».

NOCTURNE
Qui a rapport à la nuit. Les animaux nocturnes sont actifs durant la nuit.

PYRAMIDE
Grand édifice de pierre, doté de quatre côtés triangulaires. Les pyramides étaient construites pour servir de tombeaux aux rois et reines de l'Égypte ancienne. Ceux-ci étaient enterrés avec toutes leurs richesses.

RANG
Position d'une personne dans un groupe, dans l'armée par exemple.

ROMAINS
Peuple ancien originaire d'Italie, qui vivait il y a environ 2 000 ans en Europe, en Afrique et en Asie.

SAISON DES AMOURS
Période durant laquelle les animaux mâles et femelles se retrouvent pour produire des petits.

SCANDINAVIE
Région de l'Europe du Nord, comprenant notamment le Danemark, la Norvège et la Suède.

SÉCHERESSE
Période prolongée durant laquelle il ne tombe aucune pluie. Sans pluie, les rivières peuvent s'assécher et les plantes peuvent mourir. La nourriture et l'eau peuvent être difficiles à trouver dans les régions touchées par la sécheresse.

SOIE
Fils fins produits par les insectes et tissés ensemble pour fabriquer un matériau doux, lisse et solide.

SOLAIRE
Qui a rapport au soleil.

SYMBOLE
Forme ou motif que l'on dessine pour représenter quelque chose, par exemple un mot.

VIKING
Peuple de Scandinavie qui a voyagé en bateau et a combattu d'autres peuples dans le monde entier, et surtout dans le nord-est de l'Europe, entre les 6e et 11e siècles.

OÙ TROUVER L'INFO?

Super !
Quel voyage incroyable !
Nous espérons que tu as trouvé
l'expérience aussi amusante que nous et
que tu as appris plein de nouvelles choses.
Qui aurait pensé qu'il y avait tant à découvrir
sur le « qui » ! Parlant de « qui », nous pouvons
t'annoncer que nous allons bientôt entreprendre
d'autres voyages tout aussi passionnants
grâce aux livres :

POURQUOI ? « 50 questions, 50 réponses »
QUOI ? « 50 questions, 50 réponses »
COMMENT ? « 50 questions, 50 réponses »

Tu pourrais rechercher ces livres
épatants ! « Qui » sait ce que
nous allons découvrir ?

À bientôt !